品鉴商业空间系列
Tasting commercial space

酒店会所

Hotel & Club

正声文化　编

中国电力出版社
CHINA ELECTRIC POWER PRESS

内容提要

本书以项目为单元，包含项目简介、设计说明、平面图、精品实景图或效果图作为全书的主要构架。 本书内容包括四星级酒店、五星级酒店、个性化酒店以及私人会所设计项目。

图书在版编目（CIP）数据

酒店会所／正声文化编．—北京：中国电力出版社，2012.6
（品鉴商业空间系列）
ISBN 978-7-5123-3174-7

Ⅰ.①酒… Ⅱ.①正… Ⅲ.①饭店－建筑设计－图集
②休闲娱乐－服务建筑－建筑设计－图集 Ⅳ.①TU247-64

中国版本图书馆CIP数据核字（2012）第128744号

中国电力出版社出版发行
北京市东城区北京站西街19号　　100005　　http：//www.cepp.sgcc.com.cn
责任编辑：曹　巍
责任校对：李　亚　　责任印制：蔺义舟
北京盛通印刷股份有限公司印刷·各地新华书店经售
2012年10月第1版·第1次印刷
700mm×1000mm 1/12·13印张·250千字
定价：48.00元

前言
PREFACE

目前，室内设计行业迅猛发展，从业人群急剧增加，这就使行业细分成为必然趋势。很多设计师开始往细分专业化道路上进行专注性发展，涌现出大量在各个细分物业类型的优秀设计师。在这其中从事商业空间设计的人群越来越多，这就是中国经济的发展使越来越多私人投资业主进行各领域的商业项目投资带来的结果，正是众多优质的商业项目的出现，让我们看到了更多中国设计师优秀的商业设计作品。

本系列是一套介绍商业空间室内设计的经典案例丛书。突破以往常规的选择视角，将发生商业消费的各类型物业空间全部囊括其中，通过对每个空间设计的亮点之描绘提点，阐述空间为其消费者带来视觉、感官等体验，最终为空间带来商业价值的增值，而这正是每个商业空间设计师所追求的目标。

本丛书共分六册，分别为《酒店会所》、《餐厅》、《咖啡厅·茶舍》、《娱乐空间》、《美容SPA》、《店面展厅》，将此类商业空间近两年的优秀设计案例展现给读者。

《酒店会所》展示了国内星级酒店和个性化酒店设计项目，以及众多高端俱乐部和私人会所的设计案例。

《餐厅》精选了国内各大、中、小型酒楼、餐厅的设计案例。

《咖啡厅·茶舍》展示了国内的西式咖啡厅及饮品店项目，以及高档中式茶楼的设计案例。

《娱乐空间》精选国内的知名夜店的设计案例，以及KTV夜总会等娱乐项目。

《美容SPA》展示了美容养生休闲会所和洗浴健身场所等设计案例。

《店面展厅》精选了各类商品专卖店以及企业产品展厅类设计项目。

书中大部分案例以项目完工后的实景图片为主要内容，少部分未完工项目以精美的效果图进行展示，案例剖析文字详实，并有平面施工图辅助说明，成为广大商业项目投资业主良好的借鉴和参考书，也成为众多设计师学习的参考的必备资料。

本书的顺利推出得到了中国电力出版社编辑曹巍女士的大力支持，以及与正声文化合作的各位设计师朋友的鼎力相助，在此表示特别感谢。另外，限于编者水平，书中难免有疏漏之处，请广大读者不吝指正，同时也欢迎更多设计师朋友与正声文化进行交流。

目录
CONTENTS

酒店

平顶山悦荷酒店

项目地点：河南平顶山
项目面积：3000 平方米
项目造价：350 万元

设计机构：河南省慧谷秀业建筑装饰工程有限公司

　　本案位于河南平顶山，店如其名，设计以现代时尚风格做基础衬底，以中式的荷花作为酒店主题元素点缀各个空间的装饰。在注重功能合理的同时，打造有主题文化特色的个性化酒店，使来此的客人赏心悦目，这正是本案所要传达的。

　　酒店内设有多个包间，规模不同，可供亲朋聚会、公司宴请之用。店内的主题绘画全部采用手工绘制的沥粉画，形象逼真，色彩淡雅，将荷花的美展现在我们面前。同时设计师选用传统中式花纹做线条装饰，并选用文化石、艺术盆等具有中式文化气息的材料装点，赏心悦目的环境使客人感到舒适和愉悦。"接天莲叶无穷碧，映日荷花别样红。"这里营造出的文化艺术氛围让人流连忘返。

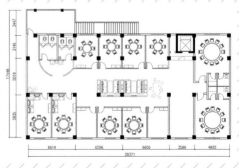

平面图

5

6

7

图5：大厅中以浅色的石材和玻璃为主要材料，打造出通透、敞亮的感觉；工艺师手绘的墙面沥
粉画，绿叶衬红花，栩栩如生。

图7、图8：餐厅包间内采用新中式风格，混搭或现代或欧式的水晶吊灯，增加现代时尚气息，同
时墙壁上或浓墨重彩，或淡淡的手绘画，也不失酒店的主题特色，文化感浓厚。

郑州商都碧海大酒店

项目地点: 河南郑州
项目面积: 9000 平方米
项目造价: 1.2 亿元

主设计师: 万文拓（深圳市品源装饰工程有限公司 总经理）

　　本案位于河南郑州，酒店按照五星级标准设计装修，集桑拿、水疗、按摩、客房、桌球室、电影院等娱乐休闲功能于一体，是业界首次引入健康水疗理念的休闲会所。

　　空间整体融入异域土耳其风情，将"奢华的休闲空间"结合桑拿发源地文化，通过材料、造型、符号的整理和融合得以体现。乳白色为整体基调，搭配不同颜色的灯光，把空间渲染出多样变化的感觉：梦幻的居室、明亮的大堂、华贵的休息厅、充满幻想的浴室。镜面、大理石、马赛克、花格镂空元素的文化符号及特质石材的运用巧妙地塑造出空间细腻恢弘的感觉，同时为空间附以了灵魂，增添了神秘的色彩。

三层平面图

图2：大理石镶边的拱门结合颜色庄重的软装饰，空间弥漫着土耳其风情。
图7：私人包间内灯光控制得恰到好处，卧室与洗浴间隔着一道薄纱，增添浪漫韵味。
图8：华丽的走廊，色调搭配和谐，对称、重复的手法在这里被发挥到极致。
图9：贵气十足的浴池，池中洒满花瓣，仿佛电影中的场景。
图11：湛蓝的池水，大气的空间，浓郁的风格，犹如置身土耳其浴场。

5

6

7

8

9

11

12

13

青龙山庄度假酒店

项目地点: 南京
项目面积: 11000 平方米
项目造价: 500 万元

设计机构: 深圳市寅界建筑室内设计有限公司

　　本案位于南京,是闹市边一处雅致优美的恬静花园,山水之邻,身置其中,淡然相适。酒店设有客房、会议中心、自助餐厅、中餐厅、休闲SPA等功能空间。

　　设计师以中国传统建筑的庭院式空间组织形式,并在庭院四周采用四合院式的妙手游廊。房屋、山水、花木等元素,通过艺术组合而形成综合体,将自然引进来,使室内外空间互相渗透融合,也是外部开放空间到室内私有空间的过渡。

　　空间整体楼层不高,低层以连体别墅布局,整个山庄的建筑结构疏密张弛有度,既有了休闲的空间,又有了相聚的空间。人与人之间因拥有一定的空间而更加亲近。

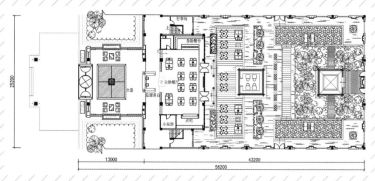

平面图

图1：由四周客房相围的内庭院，与蓝天相映，与花坛相伴，错落有致的桌椅可供一憩，茅草屋顶和棕榈树营造了东南亚的异域风情。

图2：SPA区走廊，绿色的纹理墙面很有质感，地面以黄色实木地板铺贴，整体色调和谐统一，同时有原生态之感，与自然亲近。

图3：自助餐厅主材多使用木饰面，具有亲切感，环境清幽，既可在此享用正餐，亦可与亲友品食美点度过下午茶时光。

图5：大堂用简单几何形状的
现代配饰和传统建筑的木元
素相搭配，营造出东西方相
融于一体的风格特色。

9

10

11

1

逸景酒店客房

项目地点：广州
项目面积：120 平方米
项目造价：20 万元

主设计师：李伟强（广州集美设计工程公司 T 组 设计总监；广州杰森装饰设计工程有限公司 总设计师；广州美术学院客座教师）

　　本案位于广州，为轻纺城的配套项目，服务人群以各地布料批发商为主。本项目设计为酒店的客房部分，所以酒店客房的定位首先是服务性质的，而且作为比较新兴的产业，客人会比较青睐现代简约风格。

　　设计师根据本酒店光顾人群的特点，在设计时力求全方位地向客人展示纺织城的特色。因此客房中每一张挂画都是与纺织有关的主题创作，使他们在不经意间产生亲切感。

　　房间用色质朴淡雅，家具以直线条为主，简约大方；照明的设计控制得恰到好处，使客人进入房间就能立刻放松下来；房间中家具所选用的布料也可以使客户直观地感受到产品的质地，这样的精心安排为客户提供了极大的便利。

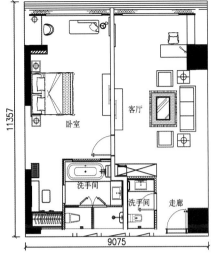

11357

9075

商务套房平面图

卧室　客厅　洗手间　洗手间　走廊

2

3

图2：柔和的光线给房间营造了温馨的环境，也使布料能够得到最佳的展示。

图4：房间的壁画都是与纺织有关的主题创作，有的用各式布料精心拼合起来，绚丽多姿；有的则以大小不一的纽扣组成抽象化的构图，设计师以简单易懂的手法向每个客人传达着酒店主题。

观止廊艺术酒店

项目地点：广西桂林
项目面积：1300 平方米
项目造价：110 万元

主设计师：韦建（观止廊室内设计有限公司 设计师；国家
注册室内设计师）

　　本案位于广西桂林，是以旅行居住艺术为主题的精品酒店，包括37间风格各异、独特、怀旧的尊贵客房，休闲餐吧和露天茶吧。

　　由于地处山水闻名于世的旅游胜地，所以特色文化艺术的元素都在这里聚集，酒店也因此与众不同。设计师将它打造为一个典型的小型个性化精品酒店，许多空间都采用了大量的帷幔作为天花装饰，增加了酒店空间的温馨和动感。空间中的色块运用和对比，加上国外艺术大师的灯饰作品和现代油画家的先锋作品搭配，形成了强烈的混搭风情和独特的视觉冲击力。

　　酒店除了精心的室内设计，典雅的美术及摄影作品外，还有同样完美的服务和精致的美食，让每一位光临的客人除了能感受到独特的视觉效果，还能沉浸在一种深深的文化气氛中，缓解旅途的疲累。

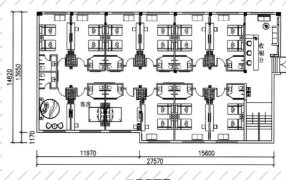

三层平面图

图1：过廊的墙面变成了画布，可任设计师"肆意挥洒"，"激情创作"，最终形成具有艺术气息的空间，红色的条纹地毯既有视觉冲击力又富有动感。

图2：深色的木案吧台，搭配红色的台灯，有复古的感觉。

图7~图11：不同色块的客房，却有着同样的元素——设计感极强的台灯，让灯变成了一个艺术作品。

斯丽卡尔视觉酒店

项目地点: 河南禹州
项目面积: 2800 平方米
项目造价: 400 万元

主设计师: 张晋军 (河南许昌蓝天装饰有限公司 副总经理)

本案位于河南禹州,这个城市是盛产钧瓷、煤炭和铝石的地方,因此高消费人群众多。随着本地经济的大力发展,人们的审美需求也不断提高,已不满足于普通商务宾馆的风格,开始追求更具文化艺术气息的个性化酒店空间。

本酒店风格独树一帜,一改常规酒店的商务风格,时尚气息浓厚,房间各具特色,吸引着追逐时尚的消费人群。设计师定位为主题酒店,每层都赋予一个风格,每个房间的布局和风格又各不相同。通过对房间内部的结构调整和装饰材料的运用,使其空间面积增大,并保证功能区域的完整。

酒店客房的天花设计别具特色,大量采用轻钢龙骨和澳松板表现异形造型吊顶;墙面大量选用精美壁纸,花色和颜色互相配合,达到整体统一;走廊墙面采用石膏板做出反顶造型,内置灯带,增强视觉效果。卫生间一改以往在门口的布局,为了使卫生间明亮、宽敞,把卫生间重新布局在窗口处,解决了卫生间排气问题和光线差等不足。

不同客房都有不同设计,欧式、日式、田园风情……让客房变成真正的"看得见风景的房间"。

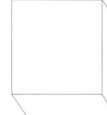
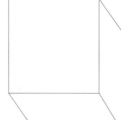

二层平面布置图

图2：三层为炫彩风格，客房床头背景采用茶镜和简单的几何木雕，体现时尚感。
图4：五层为欧洲印象，走廊内的挂画颇有几分文艺复兴时期的大师绘画风范。
图5：七层为日式风格，被命名为"东瀛风尚"，无论是手绘墙画还是挂画，都充满日式风情。

自由空间精品旅馆

项目地点：哈尔滨
项目面积：1000 平方米
项目造价：152 万元

主设计师：赵加范（哈尔滨市大凡室内设计顾问有限公司 主任设计师；中级工艺美术师）

本案位于"冰城"哈尔滨，是一家全新的时尚型计时酒店。内部设有59间客房，拥有59种风格，让客人每次入住都有全新的体验。

大厅、走廊、楼梯间的风格定位在简约灰调，而客房内部为突出个性化，采用了各种风格强烈的彩绘图案，或热烈、或恬静、或温馨、或时尚，迎合年轻人的口味。房间中的卫生间都是透明的，并且每个房间都运用到了大面积的镜面材质，在视觉上有效地拓展了空间。

这一酒店的横空出世，打破了当地沉闷俗套的宾馆模式，将酒店在人们心中的形象重新提升，也在短期内实现了良好的商业回报。

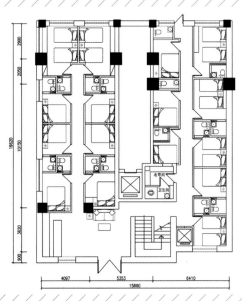

平面图

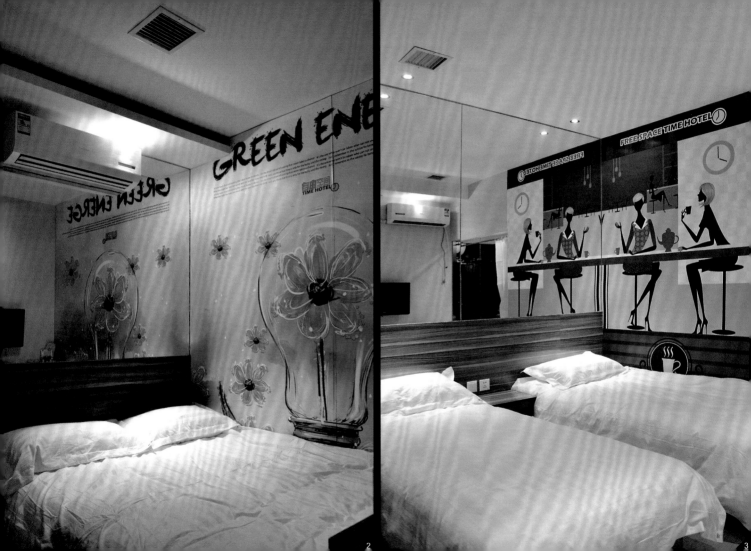

图6：走廊设计充满浓浓的文化艺术品味，不同艺术家的形象海报被制作成带有酒店信息的装饰挂画，与众不同。
图9：由于房间面积都不大，床头墙面均设计成满铺镜面，对应侧墙则以不同风格的墙画装饰与镜面配合，形成独特的视觉效应，也使空间有无限延伸感。
图11：这间客房不用多说也能看出是仿照火车卧铺环境装饰，在静态环境中找寻火车动态的环境感受。

6

7

8

9

工商局宾馆

项目地点： 北京
项目面积： 8000 平方米
项目造价： 3000 万元

主设计师：崔巍（北京华通设计顾问有限公司 室内设计师；中级室内设计师）

　　本案是对国家工商总局宾馆的改造，使其能用于接待。住宿的基本要求已经不能满足现代人们的高效率、快节奏的需求，当然对于设计，也不能再用陈旧的思想来理解，而作为国家机构的宾馆，在整体风格上更要求豪华、大气，同时各区域功能设施也要一应俱全。

　　在经过充分思考研究后，设计师打破传统，在我们的文化艺术背景下吸纳新的动向与形态修养美学，细化整体改造的楼体从外观、平面、立面到内部的每个细节都做了深化。

　　改造后的宾馆，无论从整体环境，还是从细小的点、线、面，都是量身定做，在灯光方面也采用绿色照明，坚持环保理念，充分表现出光与影的艺术美感。

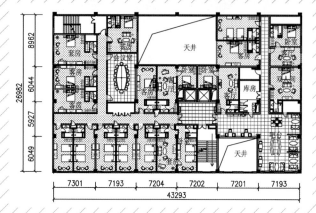

平面图

图2：大堂，入脑心做了楼板挑空，使得大堂空间层次分明。在设计上融合了黑、白、黄色及常见天井等中国传统文化的精髓元素，从中提炼出一种抽象的非符号的设计语系，营造出美院派与常规的特有轻盈，宁静中有着端重的风韵。

图3：电梯间，将中式元素与现代风格艺术融会贯通，采用同色系的木纹石，在大局中雕琢细节。

图5、图6：宴会厅出于环保的理念，大面积使用生态木；自助早餐台区的轨道门的使用很有趣，像一个魔方，是一个组合更是一个整体，既满足了使用要求，又丰富了室内空间。

图7：咖啡厅，设计师精心打造之处，别具一格的空间带给人的感觉是低调、宁静，但却足够完美。

图8：休闲区安排在地下一层，麻雀虽小可是五脏俱全。健身、雪茄吧、台球室、桑拿间等设施应有尽有，提供完全放松的享乐环境。

5

6

7

8

9

新世纪酒店

项目地点： 四川南充
项目面积： 6000 平方米
项目造价： 800 万元

设计机构：帝尚 LEE 设计事务所

本案位于南充市南部县的特殊位置，其面对的主要是在当地进行商务谈判的商务人士和高消费人群。由于当地的中心水库给南部经济带来很大影响，因此在设计该酒店时，设计师考虑采用"水"文化作为酒店的主题。

酒店是位于大厦的五、六层，楼下四层是当地最高档次的商场。设计师充分考虑到人的动线，以及住宿酒店客人的舒适度，将五层设计为酒店的大厅和咖啡厅，这样可以照顾来自商场的客人在此商务谈判和休闲餐饮，也可面对商场自然流动的散客来此消费。最重要的一点，还可以通过该层将六层的客房区隔离开，屏蔽楼下的噪声，保证客人安静的休息环境。整体采用深色调，营造出沉稳、庄重、大气的氛围。

整个空间运用多种高档材质，比如大理石、质感墙纸、银箔以及手工地毯等进行合理搭配，营造出舒适的商务住宿环境，低调的奢华感也让人沉醉其中，享受生活。

客房墙壁多采用拉丝壁纸铺贴，凸显质感；公共区域则运用令香禾大理石和黑金花花岗石，提升了空间的档次，高贵感油然而生。

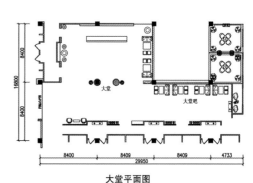

大堂平面图

图1：大厅的中庭设计别有特色，天花上羽毛般的一排排装饰仿佛海浪一样向前奔流。
图2：高级套房，树枝状的吊灯带有一种野性的味道。
图5：客房标间，床头大朵的中式牡丹壁画迎合着酒红色的床品，文化韵味十足；
半透明的黑纱窗帘给室内营造出浪漫神秘的氛围。

图6：大厅中央的吊灯，被设计成接近地面，与两侧的柱体整体统一，晶莹通透，极具设计感。金香玉大理石和黑金花花岗石拼花的地面，提升了空间的档次，高贵感油然而生。

图8：电梯间天花选用黑镜吊顶，并配有大面积整齐阵列的水晶吊坠，时尚感十足。

江阴戴斯酒店

项目地点：江苏江阴
项目面积：18000 平方米
项目造价：4300 万元

主设计师：何兴泉（苏州美瑞德建筑装饰有限公司设计二公司 方案设计负责人）

　　本案位于江阴市，是戴斯（中国）在江苏开发的四星级酒店管理项目。酒店的地理位置极其优越，与政府行政区隔街相望；其次，新展览中心与市音乐厅与其近在咫尺。

　　酒店设计与江阴市的城市定位——中国首富城相吻合。酒店设有房间约200套，并设计有商务区、宴会厅、咖啡厅、大堂吧、中餐厅、会议室、行政酒廊以及健身娱乐等各种配套设施，充分考虑到为不同的消费群体提供最完善、最舒适的星级酒店环境。

　　大堂是酒店的精神核心部分，可以让客人对整个酒店的档次及其文化理念有最直接的感受。设计师将江南园林与国际时尚创意主题相结合融入大堂中，动静有序，时尚典雅，人文意境的渲染，彰显个性。客房部分则强调多元与个性，创新与舒适度。酒店的整体设计既具有现代气息，又不乏精雕细琢之古韵，成为该地重要的高档商务场所。

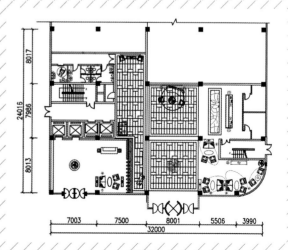

平面图

图3、图4：大堂采用米色搭配咖啡色，静谧稳重，让人心情舒缓；通过中式苏州园林景观与现代派时尚元素的结合，将酒店定位和主题呈现在客人面前。水景与中央的艺术品雕塑寓意着"迎水聚财，时来运转"。

图5：客房和公寓房采用简约的设计手法，更容易让客人感受到空间的舒适，就像在自己家里一样无拘无束。灯光的运用也恰到好处，光线柔和，达到了足够的照明度。

6

北京金湖国际度假酒店

项目地点：北京
项目面积：35000 平方米
项目造价：4500 万元

设计机构：九连环（北京）工程设计有限公司 & 四海青峰国际建筑设计有限公司

　　本案位于北京市昌平区，主要风格定位为休闲娱乐、旅游度假和商务会议。设计师同时还考虑到度假区外部的湖泊等景观环境，将室内与建筑、景观谐调统一，充分强调其舒适性、自由度，将欧式风格空间混搭中式元素，塑造了一个完美空间。

　　考虑到所面向的人群对功能、心理、精神的需求，酒店竭力通过对考究的材质工艺选择，灯光的揣摩来渲染气氛，迎合人的心理感受；功能区的分布，流动线的布置，设计师也充分考虑到了人的需要，进行以享受、休闲、放松为目的的精心设计。

　　该设计强调了人们对环境的心理、精神的双重感受，营造出了一种自由、休闲、娱乐、享受的空间氛围。

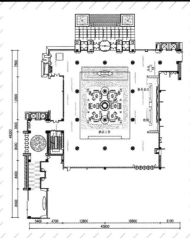

平面图

图1：大堂中最为抢眼的就是两个柱体的装饰，彩色琉璃拼贴装饰新颖的同时具有超强视觉冲击力，它们与以石材镶嵌的巨大立面屏风共同将大堂的气势呈现出来。

图2：西餐厅优美的灯光、发光柱的欧式纹样、木质的浮雕、现代感很强的椅子给人一种自由、闲适、浪漫之感。

图5、图6：桑拿区入口顶部采用了金箔、水晶吊灯、透光云石，砂岩浮雕营造了气派、温暖的气氛。

图9：SPA中心以仿木纹槽铝吊顶，起到了防潮、防腐蚀的作用，还可以给人实木般的质感感受。

图11：游泳馆虽然设置在地下一层，但整体空间给人一种通透沉浸天际的感受。马赛克铺装、砂岩浮雕、天空图案幻彩乳胶漆的运用创造了一种超越现实的迷幻空间。

山西临汾某酒店

项目地点：山西临汾
项目面积：20000 平方米
项目造价：2500 万元

设计机构：九连环（北京）工程设计有限公司 & 四海青峰国际建筑设计有限公司

　　本案位于山西临汾的古城，有很强的历史感。设计师考虑到当地的地域文化，基于商务度假酒店的性质，在设计过程中结合中式的柔和细腻和西式的坚硬粗犷，选取古槐作为基本的设计元素，为了营造一种大气、高档、奢华的氛围。空间色调多采用红色、黄色为主以增添富丽堂皇之感；中式元素的运用不可或缺，大量的木花格、木质屏风、中式木格吊顶、红色漆画的运用体现了中国传统建筑装饰艺术的精髓；西式的水晶灯、石膏浮雕、透光云石的大量运用不仅与中式的设计元素形成对比，而且产生了一种奢华、大气、柔中带刚的空间感。

　　设计师还别具匠心地在酒店六层中空的地方，设计了一个模拟北京四合院的高档会所。从金碧辉煌的室内来到朱漆灰瓦的"院落"，使人仿佛穿越了时空，一瞬间有恍如隔世的感觉。

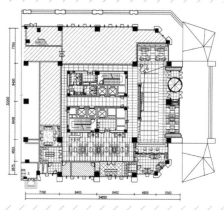

平面图

图3：贵宾接待区是中西元素的碰撞，以中式元素为主题，将中式的内敛与西式的狂放在此表达出来，产生很强的视觉冲击力。
图9：大堂细腻的中式花格与粗壮、华丽的石材使整个空间显得壮观，富有内涵和趣味；精致的吊灯像一朵倒垂的、含苞欲放的荷花，与下面的水池相呼应。

锦林酒店

项目地点: 广西南宁
项目面积: 11000 平方米
项目造价: 2700 万元

主设计师: 滕云（成都大云室内设计工作室 设计总监）

　　本案位于广西南宁，致力于打造出南宁市的高端酒店。设计师在满足空间功能的前提下，突破传统的商务休闲酒店形式，营造出耳目一新的视觉空间，迎合商务成功人士追求品质感的心理。

　　酒店以咖啡色为主色调，营造出沉稳、优雅、情调的感觉。酒店的墙面和地面大都采用条纹饰面，给人视觉上的空间延伸感。空间中主要运用了米色云石、金箔、黑檀木、黑镜、透光亚克力及定制墙纸等优质材料，通过材质的反差对比，将原有空间充分利用，在细节上对细部空间的穿透映射，赋予了整个酒店精致大气而不张扬的视觉效果。

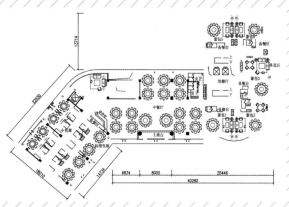

平面图

图4~图6：客房分为单人间、标准间和总统套房，可以满足不同人群的需求，内部为简约风格。咖啡色的暖色调，透着小资情调的优雅，简单的环境能够让客人们更自在地休息和放松。

图8、图9：餐厅和豪华包间统一运用中式风格，中国红的花格窗和泛黄的水墨画都透着浓郁独特的文化气息。石材的运用不仅丰富了室内的层次，也让空间充满质感。

四川贡嘎神汤温泉大酒店

项目地点: 四川
项目面积: 38000 平方米
项目造价: 7000 万元

主设计师: 罗德泉（成都德泉设计策划有限公司 设计总监）/ 曾祥 / 梁权

  本案位于四川甘孜州的某景区，酒店面向人群主要是旅游者、商务团体等，内部具有完备的商务、住宿、餐饮、娱乐、办公接待等功能。由于酒店的特殊地理位置，因此设计风格也定义为以藏式主题来体现酒店的现代建筑风格及装饰艺术，从而形成特定的文化氛围及个性的文化感受。

  客人一进入酒店，就会被大堂磅礴的气势吸引。令人眩目的高大空旷的穹顶，玻璃搭配中式窗格，景区内的特色风景被设计师运用砂岩浮雕的形式围绕穹顶装饰一周，来客步入酒店，仰望天空，就能感受到这一独特风景；大堂中央，八根椭圆形的大柱子相对而立，上端采用鎏金云纹，气象万千，中间开灯槽，装饰着藏式传统纹样，既提供了夜间照明，又以现代手法烘托藏式风情。中间巨大的海螺雕塑水景更是呼应酒店的主题。

  具有地方浓郁特色的文化和艺术，通过空间的语言来体现，已成为现在众多设计者追求的境界。真正将精髓之处展现出来，这是我们从本酒店所看到的，体现了设计师的用心，可谓是当地配套旅游设施的点睛之笔。

图2：包间与客房的设计和整体风格相统一，豪华、时尚又不乏独特的民族文化特色，高雅的环境让人流连忘返。

图4：餐厅以中式风格为主，藏式元素作为点缀，在色彩及灯光的运用上营造温馨、舒适的就餐环境。

图5：大堂吧处于大堂侧角，是非正式商务洽谈和休闲等待的空间，主景区放置白色钢琴，配合四周白色的吧椅，再加上翠绿的竹子，整体看上去素净而又高雅。

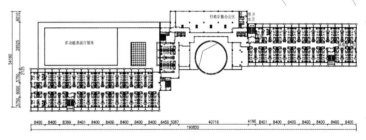

平面图

忆江南

项目地点：辽宁营口

项目面积：8000 平方米

项目造价：500 万元

主设计师：王聪（沈阳美景环境艺术工程有限公司 方案设计师）

本案位于辽宁营口，依当地的天然温泉而建，为前来度假的游客提供了一个休闲、餐饮、住宿的理想场所。酒店定位于中式风格，注重生态效果，空间中摆设了大量绿植，结合四周雅致的环境，让人远离都市嘈杂和污染，亲近大自然。

整个空间中，运用现代化的材质与仿古元素相结合，碰撞出了不一样的火花，使人既能体会到现代化的时尚感，也能感受到中国特有的文化韵味。

在这个酒店中，石材和木作被大量使用，主要是为了凸显出空间的质感与高贵感，地毯的使用增加了空间的舒适度，客房灯光柔和，舒适温馨，在此度假、休息再合适不过。

二层平面图

图1：中庭摆放有大量绿植，整体以白色为主烘托生机勃勃、积极阳光的氛围，让人感受自然的魅力。

图4：充满浪漫气息的客房，这个房间叫"夫人房"，专为女士打造，床头的抽象壁画渲染了整个房间的氛围。

图7：大堂吧中大面积的落地窗给客人提供了开阔的视野，优雅的欧式新古典风格沙发提升舒适度，荷花主题彩绘墙面又为这个空间增添中式情愫。

图8：别墅包房中中西方装饰元素完美结合，演绎低调的奢华。

山东丽都国际大酒店

项目地点： 山东济宁
项目面积： 4000 平方米
项目造价： 1200 万元

主设计师： 姚来磊（福建隆恩建筑工程有限公司 设计总监）

　　本案位于山东济宁，是一家标准的集餐饮住宿于一体的四星级豪华大酒店。

　　设计师以中国传统的文化情结和以人为本的设计理念，将设计与功能性、舒适性、耐用性完美结合，营造一个现代的具有文化气质且以人为本的住宿、餐饮、会议为一体的多功能酒店空间。

　　空间中运用椭圆形透光石表现大气唯美，金箔表现含蓄华贵，金色不锈钢表现空间的现代感和层次感。这样一个亲切宜人、现代豪华的酒店，无论从视觉上还是心理上，都能给客人带来更美好的体验。

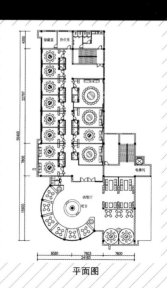

平面图

图1：大堂地面运用大理石并穿插大理石拼花，使地面更具层次感；大气的椭圆形吊顶造型局部采用深色木饰面、金箔、茶镜，结合豪华大气的水晶灯更彰显了大厅的气势。

图4：餐厅包间地面搭配幻彩花纹高档地毯，吊顶采用金箔、反光带以及豪华的水晶灯饰，使空间华贵且具层次感；墙面透雕、银镜、扇形国画等装饰细节，使空间在现代风格中饱含文化底蕴。

1

梁山水浒文化酒店

项目地点：山东梁山
项目面积：40000 平方米
项目造价：3500 万元

设计机构：九连环（北京）工程设计有限公司 & 四海青峰国际建筑设计有限公司

　　本案位于山东梁山风景旅游度假区内，是一家四星级酒店。结合当地的风土人情、地域文化、风俗风貌及水浒梁山给人们带来的强烈的历史感、民族情结、回归感，同时考虑到使用人群的旅游观光需求，设计师融合中国传统文化中的思想、信、义、养生、风俗民情、风水等人文内涵，以中式风格来打造该空间。

　　设计师立足于水浒梁山的历史题材为理念进行构思设计，不在材料上追求奢华，而是通过设计追寻品味，使酒店像座博物馆一样有着丰富的文化内涵，使游览者通过对历史元素的想象产生共鸣，思想受到感染，达到物与人、情与景、人与自然的统一。

　　空间多采用传统的八角、方形、木格栅吊顶；色调以暗红、灰色、黑色为基调，辅以明黄为点缀；挂画采用水浒的历史人物以及中式的山水画；灯具、地毯都采用了中式元素；运用深色木作、银箔、仿古砖、木质雕花、壁布、花纹地毯等主要材料精心布局，满足人的感官需求。

图1：大堂和电梯间大面积地使用了灰色仿古地砖，渲染空间，营造古旧气氛。大堂还运用大型的壁画、雕塑和装饰艺术的语言来反映酒店所处的地理位置、历史文化以及酒店所属的行业和背景等内容，同时还融入了企业文化的象征寓意，突出了水浒的文化主题。

图8：大会客厅背景墙选用的石材具有天然的纹理，美妙流畅的线条就像是一幅水墨画。

图9：中餐厅主要采用红色的木格栅，红色地砖使吊顶与地面遥相呼应，褐色木地板的横向铺装，大型花鸟画立面效果，肌理石材的柱子无不给人一种大气磅礴、恣意挥洒之感。

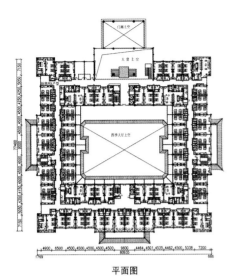

平面图

崇州街子酒店

项目地点：四川成都
项目面积：8000 平方米
项目造价：3000 万元

主设计师：廖述煜（四川成都 自由设计师；高级室内设计师；国家注册建造师）

　　本案位于成都，是当地最具有代表性的建筑，由于位于风景区，所以主要面向外地来此旅游的消费群体。

　　酒店气势恢宏，在设计上中西结合，打造多样化空间；每间客房都具有独特的地域性特点，装饰上运用到其他国家的文化特色元素，使每个房间都有美妙的异域风情。酒店内还设有休闲区、棋牌室等娱乐空间，力求打造出一流的服务环境，给初次来此的客人留下深刻的印象。

　　整个空间运用了柚木、木纹石、墙纸、银箔等材质，整体结构简约，细细品味却是极尽奢华，给人以身份上的优越感。

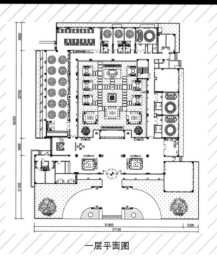

一层平面图

图2：豪华包间以欧式新古典风格装饰，壁纸和地毯采用同样的欧式复古花纹，颜色浓重，金碧辉煌，犹如置身于欧洲宫廷。

图7：豪华套房，装修的精细程度就像是自己的家一样。

图8：泰式风格的客房饶有新意，墙壁上硕大的菊花十分炫目。

图9：棋牌室过道，灯光在地上的投影犹如聚光灯下的舞台，从此走过，内心涌起明星般的尊贵感。

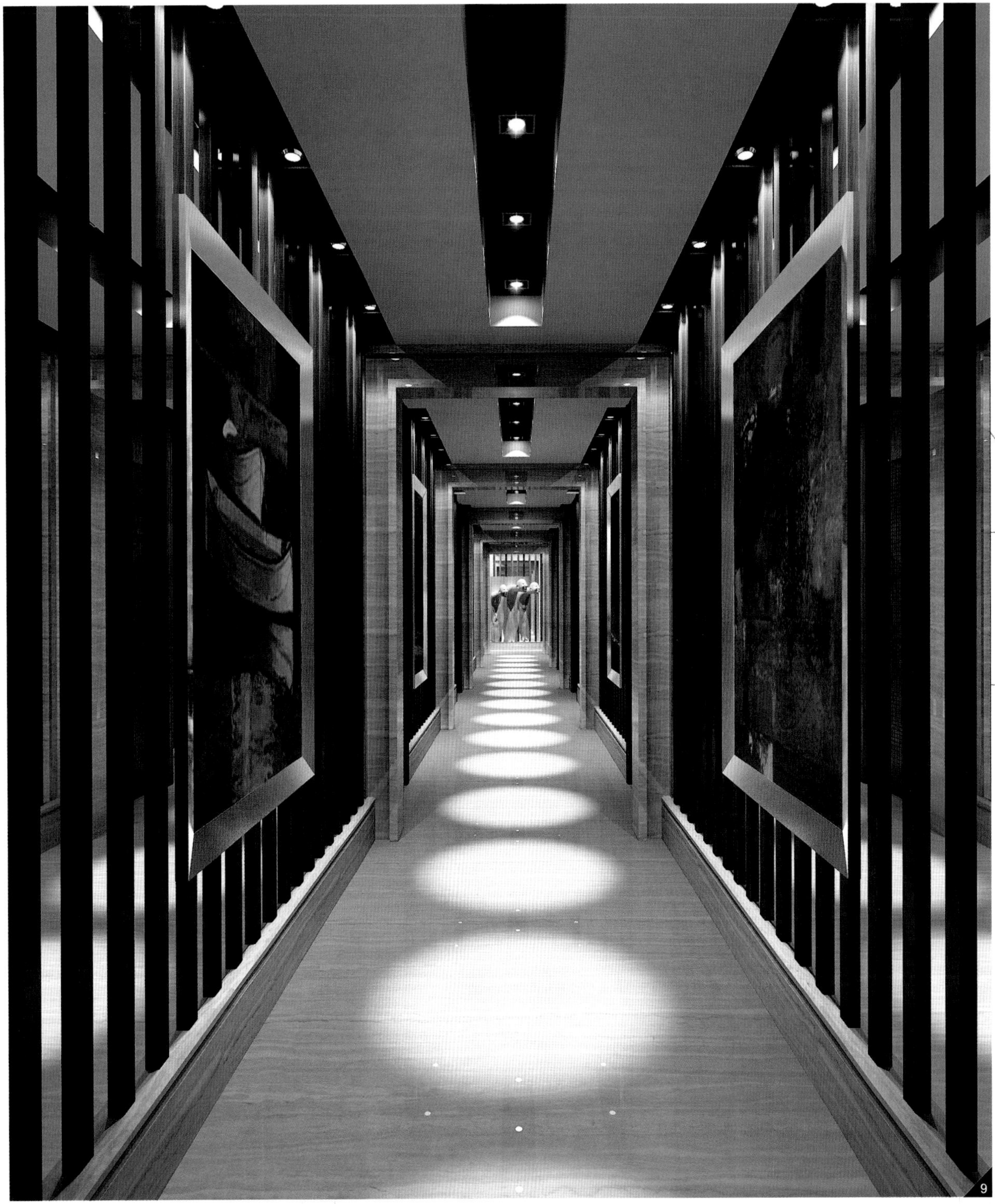

会所

八十三号会所

项目地点： 北京
项目面积： 870 平方米
项目造价： 120 万元

主设计师： 程建陪（北京宇伦国际空间设计有限公司 创意总监；高级室内建筑师）

参与设计： 杨履琦

本案位于北京，其建筑始建于清代，是一座历史悠久的古建筑。设计师根据业主的要求，在保留其原有外部建筑风格的基础上对建筑内部进行改造，将其打造成集私人会客、公司宴请、董事会议和新品发布为一体的多功能空间。

本案设计的最初想法源自对老建筑的现代诠释。沧桑的结构、厚重的线条和述说的空间给建筑带来灵性与变化，传统元素与现代元素的对峙、并存，既传达出对东方文化的尊重，又散发出一种现代的优雅气质。两者相互因借，相得益彰。

空间中以烧毛蒙古黑大理石、做旧地板、胡桃木染色等材料为主，为空间加深了历史感，借助装饰、色彩、造型和灯光等手段，呼应了一个平衡的主题，赋予了空间一个独特而震撼人心的和谐之美。

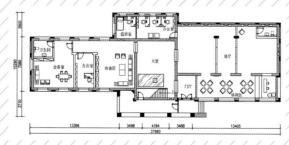

平面图

1

2

3

图1：简洁的楼梯围绕着洒落的瀑布式透纱，在投胆灯的映射下绚丽变幻多姿。

图2：包间内富有现代设计感的透明座椅把时光又重新推进到21世纪。

图4、图5：展览区不加修饰的原结构空间，让置身于其中的人，体验到建筑和空间之外对传统文化、历史的缅怀，以及试图寻找一种易懂的方式来诉说。

图7：入口处轻轻推开玻璃门，一件艺术品安然地置于素黑的墙面前，高贵而厚重。

6

7

8

9

10

写意东方

项目地点： 合肥
项目面积： 18000 平方米
项目造价： 180 万元

主设计师： 施旭东［旭日东升设计顾问机构 创始人 & 唐玛（上海）国际设计 合伙人；高级室内建筑师；IFI 资深会员；CIID 理事 & CIID 福州专业委员会 副秘书长；海峡两岸建筑室内设计交流中心 副秘书长］

本案位于合肥，会所周边环境优雅宁静，彰显尊贵、私密的氛围，适合客人放松修养。设计师以"写意东方"为该会所的设计主题，将简约的现代时尚感与东方元素的抽象剥离深植于整个空间中，从东方传统元素中汲取灵感，大胆的加以"破坏"和"否定"，利用色彩、材质、光影以及造型的穿插、对比、和谐所产生的张力，引起前来此处客人的共鸣，传达出空间要诉说的东方内在精神。

设计师从对传统东方元素的"窥探"中，在残破的被剥离的传统符号中抽象表达，无论是四大发明之一的活字印刷术，亦或是中国传统磨漆画艺术，再或者传统紫砂工艺的提梁壶，所有这些绝不是符号式的简单罗列，而是追求在表象背后通过当代设计形式、语言，张扬地表达当下的审美气质。

在这个充满想象的空间里，精神和意境、品质与灵魂，当代艺术和传统文化邂逅，生命在空间里充盈灵动，拥有一份浪漫主义的气质，营造出东方文化的艺术空间。

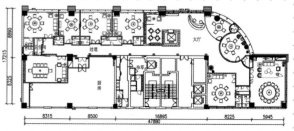

平面图

图1：入口区处四大发明的活字印刷被以现代材质演绎，"道德经"的雕刻文字被设计师平面排序，具有极强的视觉震撼力。

图10：豪华包间内亚克力的中式椅子，现代感与设计感并存。

图11：青花瓷主题的包间，倒挂的瓷瓶投下朦胧的光线，演绎着古典的唯美与浪漫。

图12：包间外墙装点的一颗颗珍珠透过玻璃和光影的洗礼，有序地拉出优美的弧。镜面天花倒映出下面的景色，弥补了层高的不足。

图13：角落里散落着拙朴的石材拴马桩，尽显中式文化艺术的魅力。

13

14

15

敔山湾会所

项目地点: 江阴
项目面积: 8000 平方米
项目造价: 1200 万元

主设计师: 何兴泉（苏州美瑞德建筑装饰有限公司设计二公司 方案设计负责人）

　　本案位于江阴市,是集会所、接待、别墅于一体的综合性简约中式风格建筑会所,面向主要消费群体为社会高端人士,以及来本地旅游、具有较高消费水平的客户。

　　设计师利用建筑及环境的先天优势,原生态与现代设计风格相结合,创造一个建筑、自然与人和谐共处的中间地带。

　　整个会所表达了含蓄蕴藉、恬淡清远的艺术风格和境界。宅院的形式,现代的开放及相对隐私,达到一个中性平衡。空间整体以白色、黑色和棕色相搭配,虽没有很强烈的视觉冲击力,但也不会显得过于柔和,整体沉溺在中性的色调里。

　　中式的"幽"与西式的"雅"在这里找到了完美的平衡。

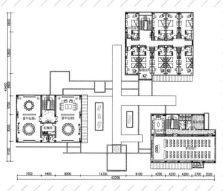

平面图

图1：接待区木质横梁式天花吊顶与地面纵向拼铺的木地板相呼应，编织着空间的经纬。

图3：连廊处黑漆木格栅门结合斑驳的青砖更加富有古朴素雅韵味。

图4：庭院清池中央矗立着几支荷花，仿佛从现代派外观的建筑倒影中生长出来。

图10：接待处背景墙上一个大大的"禅"字使得整个空间意境十足。

图11：VIP包间中砖红色马赛克从墙面延伸至天花，把空间划分为两个区域，视觉层次立显。

图12：客房内大面积落地窗让客人对窗外葱郁的景色一览无余，赏心悦目。

图13：这里是私人会客室，充满欧式复古风的牛皮地毯、鹿头装饰以及20世纪30年代风格的西方美女壁画，给房间增添了原始和古典的气息。

9

10

11

12

皇冠假日酒店总府华亭高级会所

项目地点: 成都
项目面积: 4000 平方米
项目造价: 1600 万元

设计机构: 大唐世家（中国）室内设计顾问公司

本案位于成都商业中心，地理位置优越，交通便利，每年接待国内外大型高端商务会议及商界名流不计其数。

会所在空间设计上采用多弧形墙面等设计手法，突出了强烈的空间感，揉合了西班牙皇室与东方新古典主义的设计理念，两者巧妙混搭，整体形象大气荣贵，深邃而不凝重，恢弘气势中不失细节雕琢，在局部的装饰及文化脉络上恰如其分地融入了新中式元素，渲染出雅致氛围，使整个项目有更震撼的视觉冲击力。

本项目主要运用各类石材、仿古砖、地毯、墙纸、玻璃、皮革等材料，将璀璨景致与雍容格调完美结合，尊贵奢华里暗藏的柔媚婉约，流露于隐约之间。

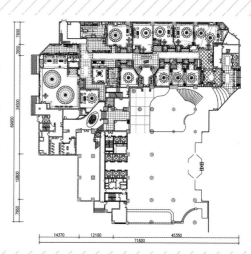

一层平面图

图1：大厅中巨大的案几上摆放的仿泰式神像瓷器装饰趣味十足，且有异域风情。

图5：大厅彩绘的天花吊顶和大花壁纸墙面具有独特的艺术文化气息。

图6：VIP包房的面积达300多平方米，设计成超豪华宴会厅形式，大圆桌可容纳40多人同桌就餐，让人充分领略空间的专属感和主人的尊贵。

玉垒锦绣高级商务会所

项目地点: 成都
项目面积: 3000 平方米
项目造价: 2000 万元

设计机构: 大唐世家（中国）室内设计顾问公司

　　本案坐落于国家5A级景区离堆公园,设计将建筑融入到周围的景致中,并与中式园林完美结合,打造一个成功的园林式商务会所。该会所面对的消费群体以外宾、国内省级领导以及公园的外地游客为主,力求创造一个中高档次的消费环境。

　　会所以"水文化"为主题,这主要是依托都江堰"水之都"的城市文化而确立的。它必将逐渐"渗透"进该城市的文化内核。

　　本案拥有两栋独体建筑。第一栋主要是高级会馆,设有接待大厅,卡座区及高级商务包房等;第二栋主要是精品酒店,设置16个精品套房。每个房间风格不同,都有一个特有的主题。

　　设计师在设计中将水主题文化内涵有机地贯穿到整个会所氛围和功能之中,融入到商务会所的吃、住、游、购、娱等要素中,让顾客既能看到,又能感受到水文化。

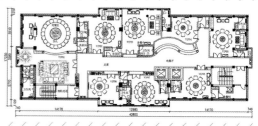

平面图

图1：进门处的天花和地砖上"流动"着细细的波纹，引人进入一处美丽的世外桃源。

图3：接待大厅中摆放着成套的豪华沙发，增加了空间的舒适度；背景墙上泛黄的中国山水画，是个性壁纸营造出的效果；博古架式隔断上陈列着白色瓷瓶，透着中式的高贵优雅气质，这一切都让人沉浸在宁静祥和的氛围中。

图4：接待处的前台也选用流水造型，增加了室内的韵律感；台面用大理石装饰，高贵大气；栩栩如生的荷花盆栽，青花瓷的台灯，加上四周中式的花格装饰，浓郁的中式文化气息在这里展现无遗。

图8：卡座区的设计像一节车厢，狭长的天花做成了拱顶的造型，再搭配欧式吊灯，红色丝绒软包沙发，像是到了复古的美式酒馆。在这个以中式为主的会所里，让人感受到一丝异域风情。

上海天马乡村俱乐部会所

项目地点：上海
项目面积：10000 平方米
项目造价：1200 万元

设计机构：上海玉圭金枭室内设计工程有限公司

　　本案位于上海佘山国际旅游度假区的中心地带，作为高尔夫俱乐部的会所，周围环境优雅，内部设施齐全。设计灵感来源于中式传统的庭院风格，设计师营造出繁华都市中的世外桃源。

　　会所设施功能完备，从游泳池、网球场、健美中心、桑拿蒸气浴室以及推拿按摩室，到餐厅、咖啡馆甚至水吧一应俱全，为会员提供了极大的便利，设计师尽其所能地创造出客人所向往的优越、一流的休闲娱乐氛围。室内大面积使用木材进行装饰，色调朴实淡雅，自然光与灯光互相协调，将充满温暖、亲密、自然生态的现代家庭式乡村俱乐部呈现在人们面前。

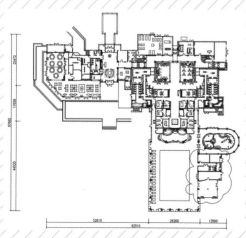

平面图

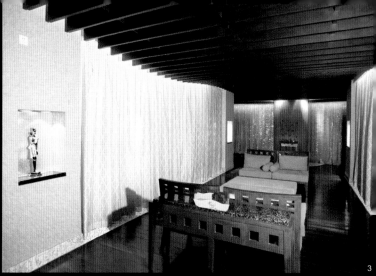

图3：洽谈室环境静谧，有很好的私密性。

图7：长长的走廊里采用实木板吊顶，田园味道浓郁，同时窗户以百叶式木窗装饰，既保证了光线不会太强烈，又能引进足够的阳光，贴近自然的环境让人心情舒畅。

图9：软装配饰在美容SPA区入口显得尤为重要，将心灵的静谧通过环境的营造表达出来。

图14：壁炉造型装饰为中式风格的餐厅增添了一丝异域风情，更突出了乡村味道。

8

9

10

11

12

13

临海湖景国际 VIP 会所

项目地点：浙江临海
项目面积：3300 平方米
项目造价：500 万元

主设计师：崔米（杭州 自由设计师）

本案位于浙江临海，是一家拥有配套服务及对外经营的高档休闲会所，主要面向社区内住户及当地名流。

会所集健身休闲商务餐饮于一体，运用新古典风格装饰。室内采用砂岩浮雕和大理石来凸显其高贵的气质；局部采用壁纸装饰达到锦上添花的效果；部分木材刻意烟熏做旧，营造出复古的意境。

会所中各种空间、设施相当齐全，施工工艺精良，每个空间都带给客人不一样的感觉，使人身在一店，可以有多重的体验。店主通过设计师之笔，使这个空间不仅是休闲放松的绝佳地点，也是商务人士会面洽谈的好去处。

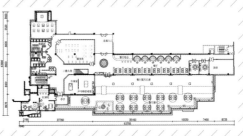

平面图

图1：大厅接待处以大理石铺贴的拱门造型装饰，充满欧式复古风，高贵大气。

图2：就餐散座区白色的欧式烛台形吊灯为空间平添优雅。

图3：卫生间墙面做不规则棱角饰面，具有现代感。

图5：红酒屋皮质的沙发和木质的墙面与其定位相契合，散发着欧式新古典的味道。

图10：瑜伽室以东南亚风格诠释，非常适宜。

6

7

长阳会所

项目地点： 湖北宜昌
项目面积： 600 平方米
项目造价： 300 万元

主设计师：门鹏飞（北京 自由设计师）

　　本案位于湖北宜昌的长阳，业主希望这个会所新颖、现代、有特色，能够成为长阳的一个地标式私人俱乐部。

　　由于该会所面对的主要消费群体为当地中高端商务人士，会所的整体布局"以人为本"，力求做到最佳的用户体验。设计师以消费群体的使用方便为前提，以人的流线为主旨，进行各个空间的布局。室内整体采用简约欧式风格，以欧式造型线条为主体，设计欧式拱形顶，同时在材质上较多地运用了银镜装饰，打破了空间挑高、进深的不足，也使空间拥有时尚感和现代感。不同的功能区域用不同的色调加以区分，使高贵、稳重、大气、端庄等格调同时充盈在一个整体的空间内，让客人每进到一处，都有不同的感受。

　　一个高档的休闲空间可以给人带来高端的享受，同时也会有身份上的优越感；长阳会所的设计定位和其经营理念迎合中高端人士品位，使人在此能够尽情地享受生活的乐趣。

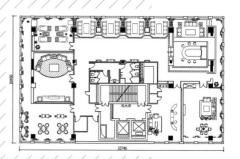

平面图

图1：前厅区内金镜饰面的天花解决了层高不足的问题，同时采用小尺寸方形银镜拼贴，使原本的平面吊顶富有层次感。接待处的仿云石的透光板饰面，在灯光的作用下，给人大气富贵之感，同时也含有浓浓暖意。

图2：氧吧则充分体现了其功能性，运用自然元素，粗糙感的石材饰面带着原始气息，发光顶棚则采用喷砂处理，使整个空间更像阳光房，与大自然亲密接触。

图5：茶室内，电视"镶嵌"在欧式画框中，变成一幅动感的壁画，饶有新意；吊顶也采用同样的元素——银镜配透光云石灯，既反映了共同的主题，也透着奢华。

上海长堤花园会所

项目地点：上海
项目面积：3500 平方米
项目造价：500 万元

设计机构：上海玉圭金泉室内设计工程有限公司

　　本案位于上海长堤花园别墅区内，整体建筑结构为地下一层、地上二层，其主要定位是打造加州阳光休闲度假风格的休闲、商务及餐饮空间。会所主要服务人群为别墅区内的业主，为他们及来访的客人提供一个娱乐、餐饮、休闲及会晤的场所。

　　设计师首先从功能上对空间做了详细划分：地下一层设有物业办公室、健身区域、儿童游乐区域及亲子教室；一层为游泳池及餐厅；二层为贵宾会客室健身区域和景观平台。

　　在空间营造方面，打破常规地"引景入室"，特别是大堂区，在"阳光温室"的设计主题主导下，营造出了以水景为中心、大型盆栽及水洗石材质的带有顶部绿化的室内空间，使人置身其内，犹如身处世外桃源。

　　在这个会所里，可以为客人提供一天的欢乐时光：在泳池中畅游，在健美中心运动，桑拿、蒸气浴室和各种推拿按摩设施让人得到全身心的放松，随后还有餐饮服务，无论从功能性还是艺术性方面都满足了顾客需求，该会所营业后颇受顾客好评。

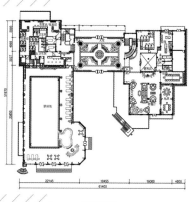

一层平面图

图4：餐厅有独特之处，被称为"简餐厅"，因为这里并没有采用寻常餐厅的餐桌，而是放置了带有东南亚风格的藤质沙发座椅及小圆桌，使就餐者更加放松；餐饮区内另布置了摆满各式书籍的书柜，给整个空间带来书香气息。

图9：充满自然气息的阳光大厅，犹如宁静的室外花园。

图10：游泳池采用了自然光的采光顶，将阳光引入室内，更衣室内男女宾客的进出动线也经过了细致的推敲，干湿分离、进出无障碍，在保证私密性的前提下提供了便利的使用功能。

Aceona 马球会所

项目地点: 深圳
项目面积: 350 平方米
项目造价: 600 万元

主设计师: 万文拓(深圳市品源装饰工程有限公司 总经理)

　　本案位于位于深圳的第一高楼地王大厦,在62楼可以俯看深圳城区的美丽景致,为人们提供了一处极佳的休闲娱乐之地。

　　空间为半圆形,这为设计提出了一个难点。为了能够将空间感完美地表现出来,设计师采用了比较简约的设计风格,尽量简化空间,使空间的陈设不至于拥挤。

　　空间以红色为主色调,提升了室内的高贵气质,也让前来的客人感受到较强的视觉冲击力;天花造型别致,时尚气息浓烈的设计感让空间的奢华气质得以充分体现,同时给人们创造了极好的视觉环境,客人乐于在此处休闲。桌椅与隔断均采用弧线造型,使整体空间动感与设计感并存。

　　整个空间的造型并不单调,在不同的区域,选择不同的造型设计,同时采取不同的材料进行装饰。巧妙的设计与陈设的安排营造了一个完美的休闲空间,在这里既可以和多人一起互动,也有私密空间,雅致的环境让人难忘。

图4：墙体与天花的线条感很强，采用直线和曲线相互配合。随着线条的延伸，设计的感受也不断加强。

图5：前台的直线与弧线相碰撞，给客人带来强烈的视觉震撼。

图6：小包间别具特色，弧形的隔断，保证客人的私密性，奇妙的造型好似不完整的蛋壳。

图8：演奏区的黑色与白色互相交织，就像钢琴的琴键，弹奏出美丽的乐章，刻画出不一样的墙面造型。

图12：金属马赛克饰面的吧台带来的现代感与实木地板带来的传统感相互交织在空间之中，空间因此而富于情调。

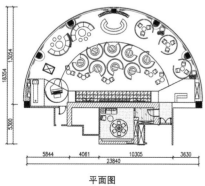

平面图

曲院风荷会所

项目地点: 天津
项目面积: 2000 平方米
项目造价: 300 万元

主设计师: 杨震（天津华惠安信装饰工程有限公司设计所 主任设计师）

　　本案位于天津，是一家售楼兼会所的商业空间，销售作为临时使用，为避免以后重新改建会所，因此需要一次性设计好两个功能空间。会所主要面对的消费人群是购买楼盘的居民和周边社区的商务人士。

　　设计师结合中式园林景观特点以及会所建筑本身的现代中式风格外檐，将风格特色延伸至室内，无论是木花格门窗、木纹瓷砖、木作装饰、局部墙壁的彩绘莲叶荷花，还是中式的凉亭座椅、小型的池塘水景、两侧辅以翠竹的碎石小径，都与会所外庭院中的景致相呼应，营造了令人耳目一新的现代中式风情商务休闲空间。

　　会所设有健身房、游泳池、餐厅和咖啡厅，给客人提供了多种休闲娱乐方式；每一处灯光都控制得恰到好处，营造出静谧温馨的氛围，使人感到舒适自在。

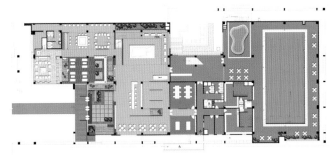

平面图

图1：会所入口处的墙面用黑色的石材铺贴，并以知名书法家书写的会所名称镌刻之上，文化韵味浓郁，使人一目了然。

图6：室内"开辟"了很多小路，用白色碎石子填充，辅以翠竹衬托，显得十分清幽。

图7：一艘篷船停靠在"荷花池"边，意境十足。

图9：室内、室外的小水景，流水潺潺，绿叶衬托着娇俏的荷花，赏心悦目，让人很轻松地就融入到大自然的环境中，享受着一份清新与洒脱。

图12：不锈钢饰面从墙体延伸至天花，转角的圆弧使空间变得柔和，为空间增添了现代时尚感。

如意会所

项目地点: 北京
项目面积: 500 平方米
项目造价: 800 万元

主设计师: 王俊钦(睿智汇设计公司 首席设计师)
彭晴

参与设计: 赵文静 / 曹永辉

　　本案位于北京鸟巢西侧的盘古大观七星摩根广场内,市场定位是高端特定目标群体的服务。这里隐藏的是一种生活的态度和方式:高贵、私密的享受,让人有尊贵的感觉,显现豪华、贵气、宁静和内敛带来的绝佳享受。提供着与个人身份相符或更高级别的服务,带来人文文化和商业化的环境。

　　以会所形式为设计主轴,内部空间以中心大厅连接三大专属贵宾室布局全盘,贵宾室彼此间独立而至,彰显私人气质。设计师以"如意"为此案设计主旨,"祥云、灵芝、如意",线条如行云流水,彰显祥云之神气。奢华而不张扬,内敛而彰显丰厚底蕴,把会所的气质内涵、性格的彰显、氛围的营造完美展现于空间脉络中,也鼓动着乐享的艺术生活。

　　空间整体以法式巴洛克宫廷奢华风格为主,用现代并优雅的奢华去呈现。在设计师的手中,如意会所的奢华并没有背离人性化的初衷,反而成为心灵的港湾。

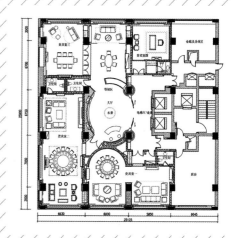

平面图

图1：中式贵宾室是会所的中心，整体设计并非以传统中式表现，而以简约并稳重的方式展现。室内吊顶用银箔面叠加并旋转，配合华丽的水晶吊灯，把空间装饰得流光溢彩；墙面以黑檀木与茶镜虚实表现稳重质感；并以画龙点睛之形式将中式之写宝阁以金属材质的反差点缀其间。设计师采用后现代主义手法，将简约式奢华的欧式家具及水晶灯与现代手法的中式家具相互结合，围合出一个气派的空间。

图4：大厅中，圆形金箔式穹顶如同在顶面盛开的一朵巨大的金色喇叭花，震撼全场。以金属扣做出花朵的造型呈现于牛皮顶面，内敛中透出奢华。

8

9

图6：会客区顶部以欧洲文艺复兴时期的教堂天顶画为元素，用金箔并雕刻立体刻花表现宫廷的奢华。

图7：走廊过道拉丝玫瑰金不锈钢的造型门楣、细腻的牛皮式曲面、金箔式穹顶、白色石材地面，无一不彰显出客人高贵的身份。

图8：意式贵宾室，它不仅仅是设计，更流露着对梦想的写意，为客户营造出名利场的贵族气氛。空间设计以意式奢华和浪漫的元素为主旨，分为雪茄会客区及用餐厅。吊顶以极度奢华的线条雕花及金银箔搭配，交叉点缀着墙面的整体式皮革；天顶上的镜面把空间装点得奢华而梦幻，贵族阶层的生活因此呈现。

11

12

13

上水尚会所

项目地点： 苏州
项目面积： 800 平方米
项目造价： 300 万元

主设计师：王宗仁（上海同图建筑设计工程有限公司 设计师；中级室内设计师）

　　本案位于苏州高新区的香格里拉酒店附近，是一座独立的二层小楼，附带屋顶花园，周边环境优美。其名称取意"上风上水尚意人生"，"上水尚品，静水幽享"。

　　会所主要面向高消费人群，设计师以其娴熟的手法诠释出欧式新古典的风格内涵，赋予空间以灵气和人文情怀，在城市繁忙的生活中，可以静下心来，阅读空间，阅读人生，阅读人们对休闲文化的追求。在功能设计上力求空间的私密与大气完美结合；形式上，以统一的图案对细节和整体进行全盘把控，一气呵成。

　　空间中运用了大量的石材和地毯，颜色质朴低调，却不失奢华尊贵，灯光运用也恰到好处，使局部空间更有静谧的氛围，让人身在其中能够回归内心的宁静。

平面图

图1：贵宾室的新古典风格的红白两色沙发体现着品质感，设计师精心设计的镂空木雕刻吊顶，与地毯相呼应，采用了同样的纹样，顶部以红色线条、地面以白色的线条共同构成了这一天一地的绝妙搭配，气质高雅。

图8：SPA套间之间的过厅恰如其分地做了陈设装点，提升整个空间的艺术性。

图9：SPA套间运用石材装饰边框，其冷的质感恰恰与房间的壁纸与灯光所烘托的暖意形成对比，富有新意。

图12：大厅过道中的仿半月形拱券连廊的装饰显得尤为精致，为简简单单的一个衔接空间平添了艺术气息。

5

6

7

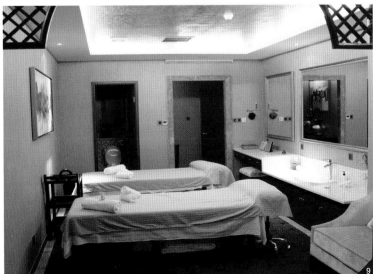

13

正声文化策划出版

品鉴商业空间系列
Tasting commercial space

餐厅
店面展厅
咖啡厅 · 茶舍
» » **酒店会所**
娱乐空间
美容 SPA